L'ASSISTAN

PAR LE TRAVAIL AGRICOLE

ÉTUDE

SUR LES COLONIES OUVRIÈRES DE BELGIQUE ET DE HOLLANDE

PAR

M. GUILLAUME BEER

Conseiller général
Membre de la Société des Sciences Morales, des Lettres et des Arts de Seine-et-Oise.

VERSAILLES
IMPRIMERIES CERF
59, RUE DUPLESSIS, 59

1897

L'ASSISTANCE
PAR LE TRAVAIL AGRICOLE

ÉTUDE

SUR LES COLONIES OUVRIÈRES DE BELGIQUE ET DE HOLLANDE

PAR

M. GUILLAUME BEER

Conseiller général
Membre de la Société des Sciences Morales, des Lettres
et des Arts de Seine-et-Oise.

VERSAILLES
IMPRIMERIES CERF
59, RUE DUPLESSIS, 59

1897

L'ASSISTANCE
PAR LE TRAVAIL AGRICOLE

ÉTUDE
SUR LES COLONIES OUVRIÈRES DE BELGIQUE ET DE HOLLANDE

> « Tout homme qui veut travailler,
> » dans la mesure de ses moyens, est
> » admis, occupé, logé et nourri, à la
> » Colonie, quels que soient ses anté-
> » cédents ou son origine. »
> *(Règlement de la Colonie ouvrière*
> *libre de Haeren, Belgique).*

I

Parmi les formes d'assistance expérimentées par la sociologie moderne, l'assistance par le travail tend à prendre, surtout dans les pays étrangers, une place de jour en jour plus importante.

Substituer au don gratuit, à l'aumône, un travail rémunéré, — occuper temporairement des hommes valides, sans ouvrage et sans ressources, — leur éviter l'humiliation de la mendicité et le déshonneur de la prison, tel a été le but essentiel des œuvres, trop rares encore chez nous, qui portent la désignation générale d'assistance par le travail.

Dans les différents pays où elles sont écloses, presque toujours grâce à l'initiative privée, elles ont revêtu diverses formes : Colonies agricoles en Hollande ; — Colonies mixtes, c'est-à-dire en partie agricoles, en partie industrielles, en Allemagne, qui est aujourd'hui le pays qui en possède le plus ; — Maisons de travail à Paris, et dans quelques grandes villes de province ; — Colonie ouvrière libre agricole en Belgique, leur objet est toujours le même, procède du même principe humanitaire : offrir aux travailleurs dans l'embarras une aide temporaire en échange d'un labeur utile ; rendre à la société des dévoyés qui, succombant à l'adversité ou aux mauvais entraînements, ont perdu la notion du devoir et l'habitude du travail.

Relativement au nombre immense d'individus auxquels il pourrait utilement s'appliquer, ce genre de secours est encore trop peu répandu. En France, il existe à peine ; et notamment en matière d'assistance par le travail agricole, le plus sain, le plus moralisateur et aussi le plus productif, tout reste encore à faire chez nous.

Quand nous aurons fait connaître les points essentiels de ces diverses organisations, d'après des notes recueillies dans une récente tournée en Belgique et en Hollande, nous aurons peut-être contribué à hâter la solution de ce problème douloureux et difficile : Assurer l'existence de tout homme valide et malheureux, en échange d'une tâche adaptée à ses facultés ; et comme conséquence, diminuer le vagabondage, entraver la mendicité, désencombrer les prisons.

Dans l'état actuel de notre législation, l'individu qui, par suite de circonstances fâcheuses dont il n'est pas responsable, ne trouve pas d'ouvrage, et, partant, pas d'argent, n'a d'autre expédient, pour ne pas mourir de faim, que de tendre la main, ou de se faire arrêter comme vagabond.

Mendiant, quand il demande et reçoit l'aumône, ou vagabond, quand, sans moyens d'existence, il a dû quitter un logement qu'il ne peut payer, la loi ne distingue pas ; et le juge, sans se préoccuper du mobile qui a fait agir ce malheureux, sans tenir compte de la nécessité impérieuse qui l'a poussé, peut le condamner à la prison.

A défaut d'autres refuges, le dépôt de mendicité, où l'on a le couvert et la nourriture, lui apparaît comme la seule planche de salut, comme un sort relativement heureux.

Après un court séjour, qui n'a rien de bien réconfortant, il en sort dégradé, aigri, méditant sur son crime qui consiste à n'avoir pu se procurer d'ouvrage ; et, s'il ne survient pas quelque heureux incident, ou quelque inter-

vention bienfaisante, il retombera bientôt dans
l'ornière, reviendra au Dépôt et entrera dans
la catégorie des récidivistes.

L'intervention bienfaisante devrait être l'assistance par le travail. Et pour produire tous
ses effets, il faudrait qu'elle se manifestât avant
la première chute, avant la première condamnation.

En 1891, un de nos députés les plus distingués, M. Maurice Faure, présentait à la Chambre
une proposition de loi ayant pour objet la création d'asiles pour les invalides du travail, et de
maisons dites de travail pour les ouvriers valides sans ouvrage. — Et voici ce qu'il signalait
dans son exposé des motifs :

« Quand un homme a subi une première
» condamnation pour vagabondage et men-
» dicité, il est condamné par cela même à
» devenir un récidiviste.

» Sur une moyenne de 60.000 individus con-
» duits au dépôt de police, ceux qui ont été
» arrêtés pour vagabondage et mendicité fi-
» gurent pour un tiers.

» Il en est, parmi ces derniers, qui sont des
» vagabonds d'habitude et des mendiants de
» profession ; mais la plupart sont des mal-
» heureux sans travail et sans abri, de pauvres
» gens qui n'ont pas eu de gîte le soir, et qui
» n'ont pas trouvé de place dans les asiles de
» nuit, ou qui ont épuisé les trois jours régle-
» mentaires accordés dans ces établissements. »

Cette observation vise spécialement Paris qui possède d'importants moyens d'hospitalisation temporaire, dus en grande partie à l'initiative privée.

L'argument n'a que plus de force en ce qui concerne la banlieue et les départements limitrophes de Paris, où le nombre des individus sans travail et sans abri augmente d'année en année, et où il n'y a pour tout refuge que des dépôts de mendicité, ou même moins encore.

« On les arrête, continue le rapporteur, et on
» les relâche, une fois, deux fois, et jusqu'à cinq
» fois; puis on les retient, on les livre au
» Parquet, et on les condamne à huit jours de
» prison. Ils sont ensuite envoyés au Dépôt de
» mendicité, et y restent pendant quelque
» temps, pour en sortir aussi incapables de se
» suffire, et aussi dénués de ressources qu'au-
» paravant, dès que le léger pécule qu'ils ont
» gagné, a été dépensé.

» La même cause produisant le même effet,
» le dénûment du malheureux amène une
» seconde condamnation, puis une troisième,
» et jusqu'à cinq dans la même année. Le
» voilà, en quelque sorte, obligatoirement ré-
» cidiviste.

» Un magistrat dont la science pénitentiaire
» s'honore, M. Homberg, ancien conseiller à la
» cour de Rouen, a établi, par les dossiers de
» juridiction, que les vagabonds et les men-

» diants, peu nombreux dès la première con-
» damnation, finissent par former les quatre
» cinquièmes des condamnations prononcées
» par les Tribunaux.

» A côté des asiles destinés aux invalides du
» travail, il faudrait, disait-il, créer des établis-
» sements spéciaux destinés à recevoir une autre
» catégorie de citoyens malheureux, qui eux
» aussi, dans notre état social, avec la législa-
» tion actuelle, tombent sous le coup de la loi
» pénale, alors qu'en réalité, ils devraient se
» trouver protégés par des institutions de so-
» lidarité et de prévoyance nationales. »

Tout en rendant hommage aux sentiments qui ont dicté ces appréciations, on est cependant porté à se demander si la solution du problème consiste à faire œuvre d'assistance publique, de prévoyance nationale. N'est-ce pas plutôt l'initiative privée qui devrait tenter d'intervenir, avec son ingéniosité, avec la modération de ses procédés, exempts de tout caractère policier ?

Quiconque s'est occupé tant soit peu des questions d'assistance par le travail, a dû acquérir rapidement la conviction qu'une des conditions essentielles du succès des œuvres de ce genre, est de les soustraire, tout au moins directement à l'action officielle, à l'intervention administrative.

Il faut que tout individu dans l'embarras, en quête d'un moyen d'existence puisse frapper à la porte d'un de ces établissements, le cœur tranquille, sans appréhension, qu'il n'ait pas le sentiment d'aller se livrer à des inquisiteurs, qu'il ne soit pas contraint de se courber, comme pour subir une peine ou une dégradation.

C'est ici que l'intervention de la bienfaisance privée est nécessaire, pour donner à cette sorte de charité, car c'en est bien une, un caractère discret et affectueux, pour faire en sorte que le secours donné n'ait pas l'air d'une aumône, que le mode d'information sur l'état et la condition de la personne soit réduit aux moindres formalités et ne soit pas une enquête judiciaire, que le registre d'entrée ne soit pas assimilé à un registre d'écrou, que le moral de l'individu soit relevé et non humilié.

Il faut que l'esprit de la direction, le caractère du personnel, l'allure générale d'un tel établissement, donnent à ses hôtes l'impression d'un milieu familial, d'une certaine liberté, du calme et de l'apaisement si nécessaires aux malheureux tourmentés par les rigueurs de la vie. Il faut qu'après la première période de recueillement, de reconfort physique et moral, les individus hospitalisés comprennent qu'ils ont auprès d'eux, non des gardiens, mais des guides, non des juges, mais des conseillers.

Alors apparaît l'immense importance de la question du placement, question difficile

entre toutes, mais qui est le complément nécessaire, l'exutoire indispensable de toute
œuvre d'assistance par le travail, industriel ou
agricole. Car ce n'est pas tout de donner l'abri
et la nourriture, d'occuper les bras, d'ensei-
gner à l'un ou à l'autre le maniement d'un
outil ; ce n'est que la moitié de la besogne. Il
s'agit de faire reprendre à l'homme, l'habitude
d'une occupation régulière, de l'améliorer en
peu de temps, assez pour pouvoir le recommander à un patron, le placer, le réintégrer
dans le monde du travail, en un mot, pour assurer son existence ultérieure par ses propres
moyens. Telle une barque désemparée par la
bourrasque et jetée à la côte, qu'il faut réparer
d'abord et remettre à flot ensuite.

Plus ce résultat sera vite obtenu, et plus
l'œuvre rendra de services ; car pour un nombre
donné de places, moins les séjours seront
longs, plus grande sera la faculté d'admission.

Nous aurons à citer plus loin l'exemple de
la modeste colonie de Haeren (Belgique), qui,
avec 50 lits seulement, mais grâce à un ingé-
nieux système de placement, arrive à sauver,
chaque année, près de 300 individus.

Mais examinons d'abord la colonie agricole
hollandaise, qui est le prototype de toutes les
autres, qui est la première en date ayant été
fondée, il y a environ quatre-vingts ans, par
une société privée, la Société de Bienfaisance
Hollandaise.

II

LA COLONIE AGRICOLE DE FREDERIKSOORD
(HOLLANDE)

Le programme de cette Société, selon les termes mêmes de son acte de constitution, était de remédier au paupérisme, en donnant une occupation et un apprentissage agricoles à des hommes valides, malheureux et sans travail.

Après les guerres du commencement du siècle, qui avaient épuisé tous les pays d'Europe, des milliers de travailleurs se trouvaient sans ressources et sans emploi. Le vol et la mendicité se répandaient aussi bien dans les campagnes que dans les villes, et tendaient à devenir l'unique moyen d'existence d'une infinité de gens. C'est alors qu'on vit en Hollande surgir pour la première fois une œuvre d'assistance par le travail agricole ; le but humanitaire se doublait d'un but économique, qui était la mise en valeur de terrains incultes, dont la concession ou la vente pouvait être obtenue à très bon marché.

En 1816, le général Van den Bosch entreprit d'employer des indigents à mettre en culture des terrains stériles, d'après un système qu'il avait déjà mis lui-même en pratique à Java, dans une colonie de Chinois établie sur son propre domaine.

Il se disait que si un homme presque sauvage, sans instruction, sans métier, sans habitation, sans capital, pouvait faire produire à la terre le moyen de le sustenter, à plus forte raison, des indigents appartenant à une société civilisée, devaient être en état de suffire à leurs besoins en cultivant la terre.

Il ne s'agissait que de trouver des fonds pour se procurer des terrains, un local et le premier matériel.

Le travail agricole, une bonne discipline et une direction méthodique, devaient utiliser les forces des individus, pourvoir à leur existence, améliorer leur moral, et les rendre utiles à la Société, au lieu qu'ils lui fussent à charge.

Dès la première année, plus de 20,000 souscripteurs apportaient à l'œuvre leur obole, formant un total d'environ 55,000 florins ou 115,000 francs. On acheta 300 hectares de terre d'assez mauvaise qualité dans la province de Drenthe, près de Steenwijk, et la première colonie fut créée, sous le nom de Frédériksoord. Une partie de ce domaine était une plaine sablonneuse, coupée de petits cours d'eau ; l'autre était boisée. Pour payer cette acquisition, la Société fit un emprunt amortissable en 16 ans. Avec le surplus de ses ressources, elle construisit 52 maisons où l'on installa 52 familles, formant une population totale de 356 individus. A chaque maison était rattachée une concession de terre de 2 hectares et demi.

On éleva aussi une école, un magasin d'approvisionnement, et on rendit navigable la rivière qui traversait la propriété. La main-d'œuvre pour tous ces travaux fut presque entièrement fournie par les nouveaux colons.

Deux ans plus tard, la Société installait une seconde colonie de 50 habitations, l'année suivante une troisième, en 1819, une quatrième, de sorte qu'en 1821, il y avait en tout 200 maisons de construites, abritant une population de 1,450 personnes; et 300 hectares de terre étaient en pleine culture.

La Société comptait 23,000 souscripteurs qui lui versaient chaque année 95,000 florins, soit plus de 200,000 francs de cotisations.

La conduite de l'exploitation était confiée à un directeur assisté de quatre sous-directeurs. Chaque colonie était divisée en districts, occupés chacun par 25 colons, sous la direction d'un surveillant, qui pouvait être pris parmi des colons capables, ayant fait leurs preuves au point de vue du travail et de la bonne conduite.

Quelques règles de discipline étaient évidemment nécessaires pour tenir en main une si nombreuse agglomération d'individus.

L'insubordination, une conduite irrégulière, l'ivresse, des absences non autorisées, la paresse, le fait d'avoir détérioré des immeubles

ou du matériel entraînaient des pénalités.
Celles-ci consistaient en amendes plus ou
moins élevées, suivies dans les cas graves ou
en cas de récidive, de l'expulsion du coupable.
— On a rarement eu l'occasion de recourir à
ces mesures de rigueur. La tenue générale des
colons est, la plupart du temps, excellente.

On ne saurait passer sous silence, les difficultés très sérieuses que la Société a dû tra-
verser, avant d'en arriver à l'état actuel, ni les
risques qu'elle court dans l'avenir.

Dès la deuxième année de sa constitution,
en présence du grand mouvement de sympathie et de générosité, attesté par l'empresse-
ment de plus de 20,000 souscripteurs, le gouvernement n'hésita pas à accorder, lui aussi,
son appui pécuniaire à cette entreprise, qui
paraissait devoir remédier à tant de misères.

Une convention intervint entre la Société et
l'État qui, moyennant le paiement annuel de
35 florins, ou 70 francs, par tête, avait le droit
d'envoyer à la colonie des familles nécessi-
teuses, des orphelins, des célibataires, des
enfants abandonnés.

En même temps, le Gouvernement faisait
appel officiellement aux communes, pour les
engager à envoyer à la colonie les individus
qui se trouvaient dans les dépôts de mendicité, et dont l'aptitude aux travaux agricoles
pouvait être constatée.

Mais alors commencèrent les difficultés et

les désillusions. Des abus eurent lieu, c'étai.
inévitable, et la Société ne sut pas se défendre
contre l'envahissement de familles que des
infirmités corporelles ou un âge trop avancé
rendaient impropres, non seulement à tout
travail agricole, mais même à un travail quelconque, tant soit peu productif.

De 1820 à 1840, la Société s'était considéra-
blement endettée, ayant dû étendre ses acqui-
sitions, ses constructions, ses travaux d'amé-
nagements généraux, pour recevoir les milliers
d'individus que l'Etat lui envoyait de ses
dépôts. Elle en était arrivée à créer deux centres
nouveaux, en dehors de Frédériksoord, à Ommerschans et à Venhuizen. — Elle dut con-
tracter des emprunts. Et les déficits s'accumu-
laient d'année en année. Le désordre régnait
dans l'administration. Un comité siégeant à
la Haye prétendait tout régenter à distance, ce
qui paralysait toute initiative et rendait impossible toute direction régulière dans la colonie
même.

Le Gouvernement continua encore à soutenir l'entreprise pendant quelques années, mais
ce n'étaient que des expédients. Une rénova-
tion complète était nécessaire; une crise deve-
nait imminente. Elle se produisit en 1859.
Alors une nouvelle convention intervint. L'É-
tat reprenait à la Société, pour éteindre les
dettes qu'elle avait contractées vis-à-vis de lui,
les établissements d'Ommerschans et de Ven-

huizen, dont il faisait deux véritables péniten-
ciers.

La Société restait propriétaire de son établissement primitif de Frédériksoord; — et un
triage était fait parmi le personnel qui se
trouvait à cette époque dans les trois colonies.

Une ligne de démarcation bien nette allait
être établie.

D'une part, le pénitencier agricole sous la
direction de l'État; — d'autre part, la colonie
libre sous la direction de la Société de bienfaisance; — démarcation d'une importance capitale, tant au point de vue matériel que moral
de l'entreprise, et dont les conséquences ont
été de remettre la Société de bienfaisance dans
sa véritable voie, de lui rendre son rôle d'in-
dépendance absolue, et surtout d'en faire une
œuvre d'amélioration et de relèvement, et non
de répression et de punition.

L'administration fut complètement remaniée;
des hommes considérables par leur fortune et
leur situation, animés d'une ardente foi dans
les destinées de l'entreprise, se montrèrent ré-
solus à la remettre sur pied. — Un nouveau
Comité fut constitué. On nomma un directeur
capable, tenu de résider en permanence dans
la colonie même, et investi de l'autorité nécessaire pour pouvoir l'administrer convenable-
ment sur place. — Tout le monde, sans excep-
tion, fut mis au travail, et rétribué selon ses
services. Ceux qui ne voulaient pas travailler

furent congédiés. On s'efforça d'augmenter le nombre des cultivateurs libres. Le travail des ateliers fut réduit et remplacé, autant que possible, par de petits métiers, tels que la vannerie et la sparterie, qui peuvent s'exercer dans un cercle restreint, en famille, afin d'éviter l'agglomération de gens venus de partout et dépourvus d'éducation, de tenue et de moralité.

La population de la colonie, qui se trouvait être alors de 2.200 personnes, fut réduite au chiffre d'environ 1.700, le surplus ayant été congédié ou réparti entre divers établissements de l'État appropriés à leur condition. Six grandes fermes furent créées pour la mise en valeur directe des terres de la Société et pour l'apprentissage des colons. De nombreuses améliorations techniques furent apportées dans le système de culture, et l'on s'imposa toutes les économies compatibles avec une bonne administration.

C'est de cette époque que date le relèvement de la Société.

Son mode de fonctionnement a continué d'ailleurs, sans changement notable, jusqu'à nos jours. Elle est administrée par un Comité et par des délégués de section, qui se réunissent en assemblée générale une fois par an, ou plus souvent, si les circonstances l'exigent. L'assemblée nomme le directeur et les cinq commissaires de surveillance. Ceux-ci se rendent dans la colonie quatre fois par an, et, d'accord avec le Directeur, font tous les actes d'administration. Ils ne sont pas rétribués et ne reçoivent qu'une indemnité de déplacement et les frais de séjour. Une disposition assez originale au point de vue de la création des ressources est l'organisation des *Afdeelings* ou *Sections*, l'on pourrait dire *Sections de contribution*.

En effet, la Société a réussi, grâce à l'active propagande faite par ses principaux membres, à créer, sur toute la surface du territoire de la Hollande, des groupes locaux qui versent une somme de cotisations annuelles, recueillies dans chaque ville, sur la base de 5 francs par souscripteur. — Toute commune fournissant ainsi une contribution minimum de 52 florins ou de 110 francs par an, constitue une section (*afdeeling*), pour laquelle un compte séparé est ouvert sur les registres de comptabilité de la colonie. Et lorsque ce compte présente un solde créditeur de 1.700 florins, ou 3.500 francs, la section a droit au placement d'une famille, originaire de son territoire.

De cette manière, sur tous les points du pays, se sont formés des groupes, contribuant et s'intéressant au succès de l'œuvre, et ayant la faculté de faire profiter quelques malheureux dont la situation leur est connue, des bienfaits de la Société.

Il en existe actuellement plus de 50, représenant un ensemble d'environ 3,800 souscripteurs.

Bien entendu, en dehors de ceux-ci, il y a un certain nombre de souscripteurs indépendants, répartis dans 70 autres localités, où le nombre des adhérents n'est pas suffisant pour constituer une section.

Le total des souscripteurs n'est pas tout à fait de 5,000. — Actuellement, il devient difficile de faire de nouvelles recrues, ce qui est assurément regrettable, car la Colonie éprouve de jour en jour de plus grandes difficultés à équilibrer son budget, pour diverses raisons dont la principale est la mévente des produits agricoles.

Voici maintenant comment ont lieu les admissions : Sur la recommandation d'un membre du comité, d'une municipalité, d'un souscripteur, ou de toute personne honorablement connue, l'individu valide et sans occupation, seul ou avec de la famille, se présente pour entrer à la colonie, en manifestant le désir de travailler. — Il lui est donné connaissance du règlement intérieur, et, pour commencer, on le place comme ouvrier, dans une des fermes établies sur le domaine et exploitées par l'entreprise. — On l'installe, s'il est célibataire, dans un bâtiment commun, s'il est marié et père de famille, dans une des petites maisons construites par la Société. Il y trouve un mobilier sommaire et des outils, dont la société lui fait l'avance temporairement.

Il commence par travailler à la ferme, c'est-à-dire à la culture générale. Il y est nourri, ainsi que sa famille, et pour peu que son travail soit convenable et régulier, il recevra, dans la suite, un léger salaire.

Au bout d'environ six mois, quand la direction le juge en état de cultiver à peu près seul, c'est-à-dire, assisté des conseils du surveillant général de l'exploitation, la Société lui concède les deux hectares et demi de terre qui entourent sa maison, lui fournit des semences et des engrais, et lui loue au besoin une vache ou des brebis, moyennant une faible redevance. Il passe au rang de cultivateur libre.

Désormais, il est maître chez lui, il consommera les produits de son potager, il vendra au marché sa récolte, et au bout de la 2° ou 3° année, quand il aura mis sa concession en plein rapport, il aura à payer annuellement à la Société pour tout loyer, une redevance de 60 florins ou 120 francs.

Une fois installé dans sa maison et sur son terrain, le fermier libre cultive et exploite à sa guise et à son profit personnel, sous la surveillance générale du Directeur, et avec la seule restriction de ne pas vendre en dehors de la colonie, le foin, la paille et le fumier, dont la Société a toujours besoin pour renforcer le produit de ses propres fermes, et qu'elle paye au cours du marché.

Il a aussi toute liberté de travailler à gages au dehors, quand l'occasion s'en présente, par exemple à l'époque de la fenaison.

S'il ne réussit pas comme fermier libre, il re-
descend au rang de simple ouvrier, et est employé dans une des fermes, ou dans les ateliers
d'industries accessoires.

Chacun se nourrit selon son goût et ses
moyens. Le pain, le seigle, les pommes de
terre, le saindoux, les œufs, le jambon, le lait
et le fromage sont en général le fond de l'alimentation. La bière n'est pas défendue, mais on
n'en consomme pas beaucoup, car on n'en vend
pas dans l'intérieur du domaine. D'ailleurs,
les colons ont toute liberté d'acheter au dehors tout ce qui leur plaît.

Quant à l'habillement, là aussi, liberté complète. Ils peuvent acheter des chaussures, du
linge, des blouses à la colonie même qui fa-
brique ces articles.

En dehors des occupations agricoles, les colons trouvent à s'employer dans les ateliers,
notamment en hiver quand il y a moins à faire
pour les travaux du dehors. Il y a un atelier
de charpente, une forge, un atelier de tissage
où l'on confectionne des sacs, des couvertures
de toile, des paillassons, un atelier de vannerie où l'on fait des paniers, des malles en
osier, des sièges de jardin, des corbeilles de
tous genres. — Enfin, il y a, dans la colonie,
des tailleurs, des cordonniers et des boulangers.

Dans tous ces métiers, on forme des apprentis,
pris parmi les enfants des colons, selon leur
goût personnel et leurs aptitudes.

Les produits de ces industries sont en grande partie utilisés dans la colonie même, sauf la vannerie qui est vendue au commerce en assez grande quantité, et fournit un bénéfice appréciable.

En 1882, on a créé une importante fabrication, très appropriée à ce milieu de petite culture. C'est une usine pour les conserves de légumes et de fruits. La qualité du sol se prêtait admirablement au développement de la culture maraîchère, étant sablonneux et facilement irrigable. Les fruits y réussissaient également très bien. La création de cette nouvelle industrie a vivement stimulé le zèle des cultivateurs. Et l'usine est maintenant assez largement approvisionnée pour produire chaque année de 18 à 20,000 boîtes de conserves. Trente jeunes filles ont trouvé à s'y employer, en dehors, bien entendu, du personnel d'hommes et de jeunes gens, auxquels est réservé le plus gros de la besogne.

C'est donc là une précieuse ressource pour la Colonie, puisque cette fabrication stimule l'extension des travaux agricoles, emploie des bras disponibles, et procure des bénéfices à la Société. Enfin, on a créé tout récemment une installation pour la fabrication du beurre et du fromage. Les appareils refrigérants, les caves à température constante sont organisés d'après le système danois.

Ces industries annexes qui ont nécessité des

mises de fonds d'une certaine importance, ont notablement amélioré le rendement général de la colonie.

L'enseignement est parfaitement organisé dans la colonie, et a toujours été l'objet des soins particuliers du comité de surveillance. Cinq écoles ont été bâties sur les différents points de la propriété, et chacun des directeurs est un instituteur nommé et rétribué par l'État.

Ceux-ci sont aidés par six instituteurs et deux institutrices libres (car la population scolaire est fort nombreuse); et, en outre, par deux maîtresses spécialement chargées de l'enseignement des travaux manuels.

Les Écoles sont bâties dans d'excellentes conditions; toutes ont un vaste jardin, un gymnase et un préau couvert. L'aération des salles est largement assurée. Il n'y a jamais plus de quarante enfants réunis dans une même classe sous la direction d'un maître.

Une Commission de trois membres nommés par le Ministre de l'Intérieur, sur la présentation des membres du Comité, a le contrôle général de l'enseignement.

C'est le directeur de la colonie qui a la surveillance des bâtiments et des élèves. Il signale ceux qui ne fréquentent pas la classe, et adresse aux parents les admonestations nécessaires.

A l'âge de 12 ans, quand les enfants quittent

l'école primaire, ils ont la faculté d'apprendre le dessin et de suivre les cours du soir, où ils reçoivent un enseignement plus général et plus élevé. Il y a enfin, pour les sujets d'élite qui manifestent des dispositions spéciales, une série de cours préparatoires aux emplois administratifs, soit pour les fonctions de commis, soit pour entrer dans les chemins de fer, les postes ou les télégraphes.

Au point de vue du placement au dehors, cet enseignement a une importance considérable. C'est le vrai moyen d'alléger les charges des familles trop nombreuses, de créer des places disponibles dans la colonie, et en même temps d'utiliser les faculté des jeunes colons qui ne se sentent pas de dispositions pour la culture de la terre.

La colonie possède aussi une bibliothèque, riche de plus de 1,800 volumes, dont un quart environ spécialement destiné à la jeunesse. — Les ouvrages sont prêtés gratuitement aux familles ; et c'est la grande ressource des soirées d'hiver. Le nombre des prêts dépasse chaque année 5,000. C'est dire les services que rend cette fondation, due presque exclusivement aux libéralités des particuliers.

Une autre création importante, dont la dépense a été défrayée également par un généreux donateur, est celle de l'Ecole d'Horticulture et de l'Ecole de Sylviculture.

L'enseignement tout spécial qui y est donné

embrasse une période de trois ans. Là encore, on forme des sujets distingués, qui ne manqueront pas de trouver plus tard au dehors des emplois bien rétribués.

Enfin, pour que cette description soit complète dans sa brièveté, mentionnons qu'il y a sur le territoire de la compagnie deux églises, une catholique et une protestante; et une maison pour les vieillards incapables de travailler, dans laquelle on hospitalise les vieux ménages, moyennant 200 francs par an. Ce sont de petits logements, assez semblables aux maisons des colons, mais réunis en un seul bâtiment de plain-pied. Quelques-uns de ces ménages peuvent même prendre en pension chez eux un enfant orphelin, et se chargent de son entretien moyennant une légère indemnité mensuelle que leur paye la direction. C'est une distraction pour les vieillards, et une surveillance gratuite pour l'enfant, tout en lui constituant, en quelque sorte, une famille d'adoption.

Ce système d'assistance mutuelle, entre des malheureux placés aux deux extrémités de la vie est une expérience intéressante qui méritait d'être signalée, et qui a donné, paraît-il, jusqu'à présent des résultats tout à fait satisfaisants.

En constatant l'état prospère des cultures, l'aspect engageant des maisons, des écoles, des fermes, des ateliers de la Colonie, l'impression est assurément favorable. — Et l'on doit louer sans réserve l'initiative, le dévouement, la générosité, l'intelligence de tous ceux qui, apportent à l'œuvre le concours de leur fortune et de leurs facultés. L'analyse de la situation budgétaire serait moins réjouissante. Et, sans entrer dans des détails qui seraient forcément longs et compliqués, il est regrettable de constater, d'après les rapports officiels, que l'Administration a quelque peine à équilibrer son budget. Certaines années ont laissé du déficit.

D'autre part, le nombre des souscripteurs n'augmente pas, et les donateurs se font rares. Aussi, le Comité fait-il des prodiges d'économie et d'ingéniosité, d'abord pour réduire au minimum les frais généraux, ensuite pour créer des débouchés aux produits de la Colonie, — et c'est de ce côté qu'il semble devoir réussir le mieux, dans un avenir assez rapproché.

De tels efforts méritent d'être vantés hautement, car les hommes de valeur et d'énergie qui consentent à consacrer leur temps et leur peine à soutenir une telle institution, à travers les difficultés journalières inhérentes à toute exploitation agricole, qui le font par pure philanthropie, pour pouvoir se dire qu'ils sauvent chaque jour des vies humaines et qu'ils transforment de malheureux égarés en citoyens honnêtes et utiles, ceux-là sont trop rares aujourd'hui.

Ils donnent à tous un grand et patriotique exemple.

Quand on a parcouru la colonie de Frédérik-soord, admiré ces jardinets fleuris, ces prairies grasses avec leur bétail vigoureux, ces champs soigneusement cultivés, ces maisons si propres et si bien aménagées dans leur extrême simplicité, et qu'on se reporte par la pensée à ce qu'étaient ces landes stériles avant la création de la Colonie, à ce qu'étaient ces déshérités de la vie, qui, arrivés là sans rien, le désespoir au cœur, vivent de leur travail, ont un foyer, élèvent leurs enfants et s'attachent à la terre qui leur donne tant de biens, on n'a plus qu'un rêve, c'est de voir se généraliser partout une si belle création, capable de guérir tant d'infortunes, de moraliser tant d'individus.

Mais dès qu'on envisage le mécanisme de cette organisation si parfaite à certains égards, on est immédiatement frappé d'un défaut fondamental : c'est le chiffre restreint du mouvement des entrées et des sorties ; et l'on est amené à se demander comment prend fin le séjour d'une famille dans la Colonie.

Voici comment les choses se passent. En ce qui concerne les enfants, on en place assez facilement un certain nombre au dehors, quand ils ont 14 ou 15 ans, et qu'ils possèdent l'instruction primaire et les éléments d'un métier.

Quant aux parents, sauf des cas graves d'inconduite, on ne peut jamais les contraindre à s'en aller. Si le chef de famille vient à mourir, la veuve est autorisée à rester; ses enfants, s'ils sont en état de fournir un travail convenable, l'aident à vivre, l'aîné prenant autant que possible la place du père.

Par le fait, il entre tout au plus, chaque année, en moyenne dix à douze familles dans cette immense Colonie.

Ceux qui y sont installés y restent; mais par suite de l'insuffisance des ressources financières, il ne se crée presque pas de maisons nouvelles. La sphère d'action de l'œuvre se trouve ainsi forcément limitée, tant qu'il ne lui viendra pas de nouveaux dons ou de nouvelles souscriptions, pour étendre ses constructions.

Tout autres seraient les moyens d'action de la Société si elle se bornait à garder les familles pendant le temps strictement suffisant pour les mettre en état de gagner leur vie, pour les réconforter après des périodes de misère, pour les perfectionner dans un métier, pour les placer d'une manière quelconque.

Alors le roulement annuel de la population de la Colonie, à étendue et à ressources égales, pourrait profiter à plusieurs centaines d'individus, et au lieu d'être un grand phalanstère agricole, ce serait une œuvre d'assistance, d'apprentissage et de placement, qui rendrait des services infiniment plus nombreux, plus rapides et plus pratiques.

C'est dans ce sens que s'est exercée l'activité éclairée du Comité des colonies ouvrières libres de Belgique, dont nous exposerons l'œuvre dans la seconde partie de cette élude.

III

LA COLONIE OUVRIÈRE LIBRE DE HAEREN (BELGIQUE)

C'est au début de l'année 1893, qu'un groupe de philanthropes belges, incités par l'exemple des fondations faites en Hollande et en Allemagne, se forma pour créer à Bruxelles une Maison de travail.

Le but était toujours semblable : offrir à l'ouvrier valide et sans occupation le moyen d'employer ses bras, lui donner un abri temporaire, la nourriture, des vêtements, et, ce qui caractérise la fondation belge, l'aider à trouver un emploi.

La Maison de travail ouverte en février, dans un des faubourgs de Bruxelles avait déjà, au bout de six mois, recueilli 135 malheureux. — Il est intéressant de parcourir les rapports annuels de la Société et de suivre la progression des entrées, les améliorations réalisées, et surtout l'organisation si méthodique et si efficace de l'œuvre du placement.

Si le but poursuivi par le Comité belge est identique à celui des fondateurs des colonies agricoles hollandaises, l'organisation de l'entreprise, surtout à l'origine, en a été infiniment plus modeste ; elle a quelque analogie avec l'assistance par le travail, telle que nous la voyons fonctionner chez nous.

Le Comité belge commença par louer dans un des bas quartiers de la ville, dans la région des terrains vagues, une maison quelconque, moyennant un loyer annuel de mille francs ; et il obtint de la commune la concession de 60 ares de terre situés à proximité. — Que nous sommes loin des 1500 hectares de Frédériksoord !

On installa des lits, une cuisine, un réfectoire, et les différents services les plus nécessaires, aussi simplement, aussi économiquement que possible.

Les hommes furent mis au travail de la terre, sous la direction d'un surveillant-jardinier, et, dans l'espace de quelques mois, les 60 ares de terrain, naguère encombrés de détritus et de gravats, étaient transformés en un potager, fertilisés par les boues des rues que fournissait la ville, et donnaient, au début de l'été, une abondante récolte, qui fut consommée par les pensionnaires de la maison.

En dehors de la culture, les hommes étaient bien entendu, employés à tous les travaux de la maison, à l'entretien, à la cuisine, aux nettoyages, aux services de tout genre ; et de plus, pendant la mauvaise saison, à la fabrication de fagots et de margotins.

Le soir, des lectures publiques étaient faites sur des sujets instructifs et divertissants. —

Une fois par semaine, un instituteur de Bruxelles, tout dévoué à l'œuvre, venait faire une conférence, choisissant particulièrement comme thèmes; les inventions modernes, les entreprises de l'industrie et de l'agriculture, la biographie d'hommes arrivés, par leur travail et leur persévérance, à de hautes situations, de façon à bien inculquer à son auditoire, que le travail et la conduite réglée sont la source de tout relèvement matériel et moral.

Voici quelques-uns des sujets traités : Comme quoi la classe ouvrière a produit de tout temps des hommes remarquables. — l'invention de la vapeur, — de la machine à tisser, — de la porcelaine ; l'abus de l'alcool, l'abus du tabac, — la vaccine, — l'hygiène, — la colonisation, etc. Une bibliothèque et même quelques journaux illustrés étaient mis à la disposition des habitants de la maison.

Le règlement intérieur n'a rien de bien rigoureux. Le matin à 6 heures, les hommes aptes aux travaux de culture se rendent sur le terrain, et travaillent jusqu'à midi sous la direction d'un premier ouvrier choisi parmi les plus capables et les plus sérieux. — Ceux qui savent un autre métier s'occupent dans l'atelier, selon leurs connaissances spéciales. A midi a lieu le dîner, puis la récréation. Le travail est repris à une heure et demie, jusqu'à six heures du soir, puis vient le souper, une lecture publique, et à neuf heures le coucher.

A l'heure des récréations, l'ouvrier peut sortir librement, pourvu qu'il avertisse le surveillant chef, et qu'il lui dise le lieu où il se rend et l'objet de sa sortie.

La journée du dimanche est entièrement consacrée au repos. Toute liberté est laissée aux hospitalisés de remplir ou non leurs devoirs religieux ; ils peuvent se rendre en ville de neuf heures à midi et de deux heures à sept heures.

Voici maintenant dans quelles conditions se font les admissions et dans quelle mesure le travail est rétribué.

Pour toute formalité, l'homme qui désire entrer à la colonie, doit se procurer auprès d'un protecteur quelconque, d'un particulier qui le connaît, d'un juge de paix, d'un délégué de la Bourse du Travail, etc., un bulletin de la Société, libellé comme suit :

MAISON DU TRAVAIL
COLONIE OUVRIÈRE LIBRE

Le soussigné propose à l'admission dans la Colonie ouvrière libre le nommé :
qui se présentera au bureau du Directeur entre 8 heures du matin et 7 heures du soir.

Délivré à   , le   .

Bourse du Travail, l'Employé délégué,

Il faut dire qu'en Belgique, les Bourses du Travail, étrangères à tout rôle politique, s'occupent effectivement de venir en aide aux travailleurs dans l'embarras.

Une marge est réservée pour les renseignements qu'on pourrait, le cas échéant, fournir sur l'identité du porteur.

Ces renseignements et cette demande d'admission sont donnés par la personne qui recommande le postulant et qui a été l'objet d'une sollicitation de sa part.

La Société a fait imprimer au bas de ce bulletin, la note suivante qui résume entièrement le but de l'œuvre, et qui pourrait être gravée au fronton de la Maison :

Tout homme qui veut travailler, dans la mesure de ses moyens, est admis, occupé, logé et nourri à la Colonie, quels que soient ses antécédents ou son origine.

Au moment où l'ouvrier sans travail se présente pour être admis dans la maison, il lui est donné lecture du règlement imprimé au dos d'une feuille de papier, qu'il doit signer, du moment qu'il en accepte les termes, et où il inscrit son nom, son âge, sa profession, sa dernière résidence, son lieu de naissance et son domicile de secours. S'il a un casier judiciaire, il doit aussi en faire mention. On prend note également des effets et objets qu'il a sur lui à son arrivée.

Voici le texte même du contrat qui intervient entre lui et le Directeur, qu'on appelle *le Père de la Maison.*

MAISON DU TRAVAIL

BRUXELLES

Entrée n°   le   189
Départ le   Motif

EXTRAIT DES PAPIERS DE L'OUVRIER

Age :   Domicile :
Etat civil :   Lieu de naissance :
Domicile de secours :   Profession :
Casier judiciaire :
Habillement qu'il avait à son entrée :

CONTRAT

Entre le compagnon :   d'une part
et la Maison de Travail d'autre part :

Le soussigné reconnaît demander son admission à la Maison du Travail, sous les conditions suivantes :

1° Il déclare être sans domicile et sans travail, être accepté par charité à la Maison du Travail, et vouloir y travailler pour la nourriture et le logement. Si, par suite d'infraction au règlement, il est renvoyé, il déclare n'avoir aucun droit à la récompense qui lui aurait été promise pour son application au travail.

2° Il se soumet aux règlements de la Maison qui lui ont été lus lors de son entrée : il doit notamment se soumettre à un nettoyage en règle de sa personne et de ses vétements. En quittant la Maison, il n'a droit qu'aux habillements qu'il avait à son arrivée. Ceux qui lui auraient été prétés par la Maison ne peuvent être emportés par lui que pour autant que le Père y consentirait. Si les vêtements qu'il avait à son arrivée ont été détruits, il lui en sera accordé d'autres de même valeur. Il déclare ne pas ignorer que toute soustraction de ce chef l'exposerait à des poursuites.

3° Après les premiers quinze jours, il recevra, si la direction est satisfaite de son travail, une gratification quotidienne en argent, qui sera fixée par le Père de la Maison et inscrite à son carnet. Cette gratification servira à payer les vêtements ou objets qu'on pourrait lui avoir délivrés. A son départ, il en recevra la différence en espèces, s'il y a lieu.

Il s'engage à ne faire aucune réclamation à ce sujet.

4° Aussi longtemps qu'il séjournera à la Maison, il reconnaît n'avoir à réclamer aucune gratification en espèces; il est à sa connaissance qu'il est interdit au Père de la Maison de lui remettre de l'argent comptant avant sa sortie, à moins de circonstances extraordinaires, à déterminer par la Commission administrative de la Maison.

5° Le Père peut congédier l'ouvrier soussigné à tout moment, sans qu'il soit nécessaire de lui en faire connaître le motif. Il entre toutefois dans les intentions de la Commission de ne pas congédier un des compagnons bien notés, avant de lui avoir trouvé un emploi, mais la Commission ne contracte de ce chef aucune obligation.

Si le compagnon veut quitter de son propre chef, il doit en prévenir le Père trois jours à l'avance, et il ne lui sera accordé de certificat que pour autant qu'il ait séjourné au moins six semaines dans la Maison.

Tout compagnon qui quitte la Maison sans motif et par caprice n'est plus réadmis.

6° Le compagnon congédié qui refuse de partir sur-le-champ, peut être poursuivi pour violation de domicile, et remis à la justice comme vagabond. Le soussigné déclare ne pas ignorer cette disposition.

7° A son entrée, l'ouvrier remet tout argent ou valeur qu'il possède au Père de la Maison. L'argent est inscrit à son crédit sur son carnet. Les valeurs y sont également inscrites. Le soussigné déclare avoir veillé à cette formalité à son entrée, aucune réclamation ultérieure n'étant admise.

A sa sortie, le solde créditeur de son livret lui sera, le cas échéant, remis en espèces contre signature.

8° L'ouvrier admis s'engage à aller au besoin travailler hors de la Maison, pour un ou plusieurs jours, aux endroits qui lui seront indiqués. Les salaires à recevoir de ce chef seront acquis à la Maison, mais il sera accordé un supplément de gratification variant d'après le montant de la journée.

9° L'ouvrier trouvé en état d'ivresse est immédiatement congédié. Il n'a aucun droit, dans ce cas, à son solde créditeur. Il déclare avoir bien compris cette clause et l'accepter. Il sait aussi que l'introduction de boissons alcooliques, ou de récipients à ce destinés dans la Maison, est punie d'un dernier avertissement ou d'un renvoi immédiat.

10° Il déclare, pour finir, qu'il a demandé comme une faveur d'entrer dans la Maison, et qu'il se soumettra à ce règlement et à tous les autres d'ordre intérieur.

Après lecture, a approuvé et signé.

Ce qui nous frappe le plus dans ces dispositions, c'est qu'au bout de très peu de temps, huit ou quinze jours, l'ouvrier tant soit peu capable ou laborieux reçoit un léger salaire. Le montant en est évidemment très faible, variant de 25 à 50 centimes par jour, au maximum ; c'est cependant une rétribution raisonnable, si l'on réfléchit qu'en dehors de cette gratification, il est logé, pourvu des soins de propreté, et nourri très suffisamment, aux frais de la Société.

Mais l'important au point de vue du relèvement moral, au point de vue de la sauvegarde de l'amour-propre de l'individu, c'est qu'il ne reçoit pas la charité. Ce n'est pas un indigent auquel on fait l'aumône sous une forme quelconque : C'est un travailleur qui se rend utile dans la mesure de ses moyens, en attendant une situation meilleure, et qui est rémunéré pour son labeur, d'une façon ingénieuse et discrète.

Les conséquences de ce système sont faciles à déduire.

L'homme reprend le goût du travail, aspire de nouveau à une occupation régulière, qui puisse lui donner la sécurité du lendemain. Même s'il a été ivrogne ou débauché, il se forme au régime sobre de la maison ; il s'aperçoit qu'on n'en meurt pas, et qu'on en vit même très bien. La part faite à la culture de son intelligence le flatte et le surprend agréablement. Combien de ces malheureux n'ont jamais entendu une parole instructive ou moralisante ! Et par-dessus tout, la liberté relativement assez grande qui leur est accordée, leur donne l'impression que leur dignité est intacte, qu'ils sont là de leur plein gré, pour se rendre utiles, pour échapper aux entraînements funestes, et que finalement, ils sortiront un jour de la

Maison du Travail, sans tare, sans humiliation, réconfortés et améliorés.

Mais revenons à l'étude des documents publiés par la Société, pour bien nous rendre compte de son développement et de ses progrès. Et disons un mot de ses ressources, de ses budgets.

Au début de sa première année d'existence, elle avait reçu d'une Société bruxelloise appelée « l'Œuvre du travail », un subside de 2,000 fr.; différents donateurs lui fournirent un contingent de 6,200 francs. Enfin une centaine de souscripteurs annuels contribuaient pour une somme totale de 2,300 francs ; c'est dire que le montant de chacune de ces souscriptions était modeste.

La liste des souscripteurs est intéressante à parcourir. En dehors de sept personnes ayant donné chacune cent francs, rentiers ou gros propriétaires, on rencontre presque uniquement de petites cotisations de cinq francs, émanant de modestes fonctionnaires, de petits commerçants, d'hommes de lettres, d'employés, etc.

Maigre liste pour une grande et riche cité, comme Bruxelles ! Nous la verrons grandir un peu dans la suite. Mais du caractère même de ces souscriptions modestes, se dégage l'impression que, si timide que soit ce début, il y a une certaine sympathie populaire pour la chose, il y a un sentiment de solidarité humaine qui doit donner courage pour l'avenir aux créateurs de l'œuvre. Et quoi que puisse en dire le trésorier de la Société qui préférerait assurément encaisser une très grosse recette, j'estime le modeste citoyen qui ne peut pas donner plus de cinq francs, mais qui les donne, et je le citerais volontiers comme exemple au millionnaire distrait, qui semble ignorer l'existence de la Maison du Travail, et qui donne trop peu ou rien du tout.

Dans l'avenir, ce seront les gros bataillons de petits souscripteurs qui feront vivre les œuvres de ce genre. Ceux qui auront vu de près, le peuple, l'atelier, la famille ouvrière, ceux qui auront passé eux-mêmes par des moments difficiles, seront émus de situations qu'ils connaissent; ils comprendront la portée immense des services que rend la Maison du Travail, et en deviendront les plus fermes et les plus fidèles soutiens.

Hâtons-nous de constater que dès la deuxième année, le mouvement de sympathie en faveur de l'œuvre s'accentuait notablement.

Comment rester insensible ou incrédule en présence de résultats aussi rapides que ceux constatés au bout des dix premiers mois de fonctionnement?

Le second budget, celui de 1894, enregistrait une recette de 4,300 francs de dons et de 5,300 francs de cotisations annuelles.

En 1895, les dons s'élèvent à 6,800 francs;

sur la liste figurent deux donateurs pour 1,000 et 1,200 francs. Les souscriptions atteignent 4,500 francs.

Enfin en 1896, il y a pour 3,200 francs de dons, et 4,700 francs de souscriptions. — La progression est continue, mais bien lente.

Néanmoins, le Comité redouble d'activité, multiplie ses démarches, pour mettre la fondation en état d'accueillir et de tirer de la misère tous ceux qui vont venir frapper à sa porte.

Il obtient de la ville de Bruxelles une nouvelle concession de 2 hectares 1/2 de terrain, et la disposition d'un large approvisionnement de boues de rues, pour servir d'engrais. Le terrain est nivelé et défriché par les pensionnaires de la maison, et l'on obtient l'été suivant, une abondante récolte de légumes de toute espèce.

Enfin en 1895, grâce à l'intervention de quelques généreux bienfaiteurs, les fonds nécessaires sont réunis pour bâtir une maison sur un terrain de 14 hectares, situé, près du chemin de fer, à Haeren, à quelques kilomètres de la capitale et loué par la Ville de Bruxelles à la Société moyennant 800 francs par an.

La construction est des plus simples et fort peu dispendieuse, et présente l'aspect de nos fermes françaises de Seine-et-Marne ou du Nord.

Elle consiste en deux bâtiments semblables

et parallèles, réunis par un troisième bâtiment transversal, tout en briques, et en bois.
Tous les services et logements sont de plain-
pied, occupant le rez-de-chaussée surélevé
de plusieurs marches. Il n'y a pas d'étage
supérieur. Les mansardes servent de grenier
ou de dépôt. Les planchers sont en ciment ;
l'aération et la lumière sont largement dis-
tribuées. Les réfectoires sont suffisamment
vastes, très simples, d'un entretien facile.

Dans des bâtiments latéraux se trouvent une
buanderie, un four pour la panification, une
écurie qui contient un cheval et deux bœufs,
une basse-cour, une étable avec deux vaches,
un bûcher et un hangar, où l'on peut travailler
à couvert ; le tout dans des proportions encore
modestes.

Sur toutes les façades des constructions se
détache en grandes lettres cette inscription :
Colonie ouvrière libre. — Et quand on assiste
à la rentrée des travailleurs, qui ont pour tout
signe distinctif un outil à la main et un tablier
de toile, on croirait voir revenir des champs
une grande famille de cultivateurs, contente de
sa journée, heureuse de trouver tout préparés,
un repas substantiel et un lit confortable, libre
de soucis, tout au moins momentanément, et
réconfortée par la vie saine des champs et par
le sentiment de satisfaction que donne le
travail accompli.

Mais cette période de douce quiétude ne doit

pas se prolonger indéfiniment. L'œuvre serait paralysée dans son développement ; les postulants nombreux devraient attendre trop longtemps leur tour, et les hospitalisés finiraient par oublier qu'ils doivent, par un effort personnel, chercher à reprendre leur place dans le monde du travail, et à se suffire à eux-mêmes.

C'est ce que le Comité belge a admirablement compris et mis en pratique, en ajoutant à son œuvre d'assistance par le travail agricole, l'organisation du placement, qui en est le complément indispensable.

C'en était peut-être aussi le côté le plus difficile.

La Bourse du Travail de Bruxelles, a dans cette circonstance fourni un précieux appui à la Société. En effet, dès l'origine de son fonctionnement, grâce à une entente intervenue entre les administrateurs des deux institutions, le secrétariat de la Bourse du Travail transmettait journellement au Comité de l'œuvre, les offres d'emploi qui paraissaient pouvoir convenir le mieux à ses pensionnaires.

Le Directeur de la colonie, en pareil cas, fait le choix des sujets, leur fait part des occasions qui lui sont signalées et leur donne immédiatement le permis de sortie nécessaire, pour qu'ils puissent aller se présenter.

Il ne les connaît pas d'assez longue date, en général, pour pouvoir les recommander ; ce serait assumer souvent une lourde responsa-

bilité. Mais il leur donne un mot d'introduction qui leur assure un accueil bienveillant;
et si, durant son séjour à la colonie, l'individu a fait preuve de quelques qualités, il
en est fait mention d'une façon spéciale.

Le Comité s'applique aussi à provoquer des
demandes directes de main-d'œuvre de la part
des chefs d'industrie, des agriculteurs, des entrepreneurs de travaux de tout genre.

La meilleure preuve qu'il réussit, c'est qu'à
un certain moment de l'année 1896, sur 268 individus hospitalisés, il y en avait eu 258 de
placés; de sorte qu'il n'y avait plus que dix
personnes dans les bâtiments de la colonie.
Inutile d'ajouter que cette situation exception-
nelle n'a pas duré longtemps, car le flot des
postulants ne se ralentit jamais.

Et c'est grâce à cette œuvre de placement
soigneusement organisée et suivie, faisant
office d'exutoire régulier et continu, que le
Comité réussit à recueillir et à caser, chaque
année, plusieurs centaines d'individus, malgré
la modicité de ses ressources, malgré le peu de
développement de ses constructions et de ses
cultures.

Voici quelques chiffres qui parlent d'eux-
mêmes :

En 1893, il y avait eu 135 admissions.
En 1894,   —   196   —
En 1895,   —   201   —
En 1896,   —   268   —

La durée moyenne de séjour avait été de 4 semaines. Certains sujets trouvaient à se placer au bout de 8 à 10 jours; — d'autres, plus rares heureusement, séjournaient pendant plusieurs mois à la colonie, soit pour cause de faiblesse physique, soit pour inaptitude à un travail rémunérateur. On cite même le cas d'un malheureux, incapable de tout effort sérieux, dégénéré de corps et d'esprit, quoique jeune encore, qu'il a fallu garder pendant un an et demi, et qu'on a pu placer difficilement dans un emploi infime, qu'il n'a même pas pu conserver. Mais des cas exceptionnels comme celui-ci ne se présentent pas souvent, et sont justiciables de mesures d'hospitalisation spéciales. Dans l'espace de 4 ans à peine, de mars 1893 à janvier 1897, avec un matériel de 50 lits, et en tenant compte que la maison définitive de Haeren n'a été installée qu'en 1895, l'œuvre a donc recueilli près de 800 malheureux, auxquels elle a procuré le logement, l'entretien, un léger salaire et à un grand nombre d'entre eux, un emploi. Et cela avec un budget annuel qui atteint à peine 20.000 francs.

En voici rapidement l'analyse :

Les terrains, nous l'avons dit, ont été concédés moyennant 800 francs de loyer. Quant à la maison actuelle construite à Haeren, au moyen de libéralités particulières, elle ne coûte à la Société, que de légers frais d'entretien. Les principales dépenses sont les articles d'alimentation nécessaires pour compléter les produits du jardin, la literie, le combustible, la rétribution du personnel, les matières premières pour la culture et pour les ateliers. Aux recettes, en dehors des dons et des souscriptions annuelles, figure un bénéfice d'environ 2.000 francs provenant de la fabrication des fagots.

Voilà ce qu'on a pu faire avec très peu d'argent, avec beaucoup de volonté, de persévérance, d'énergie et d'initiative personnelle. Les désespérés de la vie ont été recueillis et ont eu la sensation d'un milieu familial, au lieu d'aller échouer dans un dépôt de mendicité, où le régime est odieux, où les contacts sont répugnants, où la déchéance est inévitable, d'où l'on sort avili et méprisé. Des jeunes gens, qui étaient sur la pente du vagabondage et peut-être du crime, sont devenus d'honnêtes ouvriers, après quelques mois passés à travailler librement au grand air, loin des mauvaises fréquentations. Des victimes de l'injustice humaine ou de la mauvaise fortune, affaiblies moralement et physiquement par les angoisses et les privations, ont été réconfortées, ramenées à envisager la vie sous des couleurs moins sombres, pourvues d'un gagne-pain régulier.

Et tous, à côté du secours matériel, ont trouvé le relèvement intellectuel, le secours moral, les paroles de consolation, l'exemple du travail, de l'ordre, de la probité. Tous se sont sentis accueillis et non internés, guidés dans la bonne voie par la persuasion et non poussés à la besogne comme un troupeau de forçats.

Ils ont travaillé, et ils ont été payés de leur peine; ils sont sortis de là, librement comme ils y étaient entrés, sans tare, sans humiliation, pouvant se présenter la tête haute devant qui que ce soit, améliorés par le travail, relevés dans leur propre dignité, capables de renaître au bien.

IV

Si maintenant il fallait établir un parallèle entre la colonie agricole hollandaise de Frédériksoord et la colonie ouvrière libre de Haeren, notre tâche serait assez difficile, car les deux institutions n'ont, en somme, guère de points de ressemblance. Leur but seul est identique : c'est la régénération de l'ouvrier par le travail agricole.

A Frédériksoord, c'est un immense domaine, où l'on a dépensé, depuis plus d'un demi-siècle, des millions à défricher la terre, à bâtir des maisons, des fermes, des écoles. A Haeren, c'est un modeste terrain d'une quinzaine d'hectares, avec le strict nécessaire pour donner un abri et une occupation à une cinquantaine d'individus.

Mais à Frédériksoord, nous l'avons signalé, malgré la perfection des cultures et de l'organisation, les services rendus sont relativement restreints ; les familles s'y immobilisent, le nombre des nouveaux arrivants est minime, puisqu'il ne s'y crée que rarement des places disponibles ; et si de nouvelles et importantes subventions ne surviennent pas à la Société, elle est vouée à piétiner sur place, peut-être même à se trouver dans l'embarras.

Au contraire, à Haeren, par le soin tout particulier apporté à l'œuvre de placement; chaque semaine des lits deviennent libres ; le roulement est continu ; — et avec ses faibles ressources, son modeste dortoir et sa petite culture, l'œuvre recueille chaque année plus de deux cents personnes, les préserve de la misère, de la prison et les ramène dans la voie du travail et de l'honneur.

Ce n'est pas pour critiquer le système hollandais, qui a sa raison d'être, de par les circonstances, d'où il tire son origine, de par la nature du pays, de par le nombre et le caractère de sa population. Ce n'est pas non plus un blâme à l'adresse du comité de la Société de Bienfaisance des Pays-Bas, dont l'intelligence et le sens pratique n'ont d'égal que le désintéressement et le dévouement de tous les instants.

Mais si nous examinons ces deux créations à notre point de vue national, c'est-à-dire au point de vue du profit que nous pourrions en tirer pour notre pays, c'est évidemment au système belge d'assistance par le travail agricole que nous devons donner la préférence, comme étant celui qui, avec le minimum de dépenses et l'organisation la plus sommaire, donne les résultats les plus rapides, au profit du plus grand nombre possible d'individus.

La plupart du temps, c'est faute d'une intervention judicieuse et prompte que des hommes, dont les capacités et l'intelligence sont au-dessous de la moyenne, descendent les degrés de l'échelle sociale. L'ouvrier sans travail, pressé par la faim et le froid, n'a qu'à choisir entre la mendicité, une mauvaise action ou le dépôt. C'est le dépôt qu'il choisit généralement, et, dans l'état d'abattement où il se trouve, on ne peut demander de lui, ni un acte de courage, ni une grande résolution.

La promiscuité avec les vagabonds et les malfaiteurs, le régime du Dépôt, l'allure quelque peu brutale d'un personnel qui a parfois 3 ou 4,000 sujets, et des pires, à tenir en respect (et c'est là son excuse), l'absence de tout réconfort moral, tout cela n'est pas fait pour relever un homme. On le sustente, on l'héberge pour un temps, puis on le rejette sur la voie publique, en lui recommandant de se tirer d'affaire comme il pourra.

A cela on objectera qu'il est impossible à une grande administration publique de pourvoir au placement de ceux qui viennent par milliers échouer à sa porte, et que c'est déjà une charge énorme de les abriter de les nourrir, de les occuper tant bien que mal à des travaux intérieurs. On est submergé par ce flot qui augmente d'année en année.

Mais ne devrait-on pas plutôt rechercher s'il n'appartient pas à d'autres qu'aux pouvoirs publics d'apporter une solution, au moins partielle, un remède au moins relatif, à ce douloureux état de choses ?

N'y aurait-il pas un rôle hautement bienfaisant et moralisateur à jouer, en venant au secours de l'individu non coupable — en offrant à celui qui ne demande qu'à travailler, mais que l'adversité poursuit, un refuge d'aspect familial, exempt de contrôle policier, où il puisse gagner sa nourriture avec ses bras, et attendre des jours meilleurs ?

N'y a-t-il pas lieu d'apporter aussi dans ce genre de charité et d'assistance des idées nouvelles de décentralisation, d'alléger les grandes villes de tant de lourdes charges, de tant de malsaines agglomérations ?

Ce qui a assuré le succès des colonies ouvrières en Hollande, en Belgique, en Allemagne, ce sont les initiatives particulières et locales. Des hommes dévoués, pénétrés de leurs devoirs sociaux vis-à-vis de leurs concitoyens malheureux, se sont mis les premiers à l'œuvre. Les souscripteurs sont venus ensuite ; puis les municipalités, les provinces, l'Etat même, qui ont consolidé par leurs subventions, par des concessions de terres ou de bâtiments, l'entreprise, qui leur apparaissait clairement comme un allègement de leurs charges, comme un avantage pour la mise en valeur des terres, comme un élément d'amélioration rapide de la condition des travailleurs malheureux.

Voici ce que disait à ce sujet, M. Maurice Faure, que nous citons encore bien volontiers :

« Si l'on avait pu, comme l'a demandé le
» Congrès pénitentiaire de Rome de 1890, orga-
» niser en faveur des hommes dénués de res-
» sources, avant leur première condamnation,
» une hospitalité suffisante, en réclamant d'eux
» le travail comme compensation des frais de
» séjour ; — si on les avait recueillis dans un
» asile au lieu de les envoyer en prison, on eût
» par cette protection effective, accompli une
» œuvre de justice, d'humanité, de préser-
» vation, et en même temps conjuré en ce qui
» les concerne, une déplorable chute causée par
» l'imprévoyance de notre législation, et les
» lacunes de notre état social.

» Il est établi d'une manière irrécusable, que
» partout où l'on a organisé l'assistance par le
» travail, on a obtenu un incontestable succès.
» L'expérience a été décisive en Autriche, en
» Hollande, en Allemagne, et dans la Suisse
» française.»(A cette époque, la colonie ouvrière belge, que nous avons décrite, n'existait pas

encore.) « En Allemagne, treize provinces (au-
» jourd'hui ce nombre est de vingt-quatre), ont
» installé des colonies libres de travailleurs,
» qui ont défriché de vastes étendues de ter-
» rains incultes. Les conséquences de cette
» institution ont été que les condamnations
» pour vagabondage et mendicité ont diminué
» d'un tiers, et que dans quelques-unes de ces
» provinces, ces fléaux ont presque entiè-
» rement disparu. »

« Il faut que dans tous nos départements,
» il y ait un lieu autre que la prison dans
» lequel toute personne q ui se trouve provi-
» soirement sans ressources, soit certaine
» d'être reçue sur-le-champ, sans enquête préa-
» lable, mais à la condition, de se livrer à un
» travail obligatoire. »

Et il libellait ainsi un des articles de sa proposition de loi :

« Les départements et les communes pour-
» ront être autorisés par le Ministre de l'Inté-
» rieur à établir des maisons ou stations dites
» de travail, et à y recevoir, pour les nourrir
» et les entretenir, les personnes valides, dé-
» nuées, dans le moment, de moyens d'exis-
» tence insuffisants.

» Le travail sera immédiatement obligatoire
» dans ces maisons.

» Des subventions pourront être accordées par
» l'Etat, suivant les ressources du budget, aux
» départements, aux communes, aux asso-

» ciations dûment autorisées, pour leur venir
» en aide dans les dépenses de construction ou
» d'approvisionnement des maisons de travail.»

Cette proposition de loi dort dans les archives de la Chambre.

Le rapport adressé par M. Georges Berry, en 1892, au Conseil municipal de Paris, est un exposé lumineux et très documenté de ce pui a été fait en Allemagne depuis dix ans.

Dans la Suisse française, il a été créé trois colonies de travail, non plus destinées aux travailleurs libres, mais affectées aux mendiants et aux vagabonds, qui veulent vivre sans rien faire. Là encore, le sol inculte a été fertilisé, les prisons cantonales ont été désencombrées, et de notables économies ont été réalisées dans le service des prisons. Le nombre des condamnations a diminué de moitié dans certains cantons.

Dans ces pays, il n'a pas été besoin d'une loi. Dès qu'un homme d'énergie, ayant bien étudié la question, s'est dévoué pour faire le premier pas, le groupement s'est formé rapidement, et les souscriptions sont arrivées, car tout le monde a compris que l'argent consacré à une telle œuvre est doublement bien employé, puisqu'il sert à supprimer des mendiants et des vagabonds, à faire des ouvriers utiles et à alléger les charges de l'Etat et des villes, en ce qui concerne l'assistance et la répression.

Les gouvernements, les provinces, les municipalités ne sont intervenus que plus tard, simplement au moyen de subsides ou de concessions. Les œuvres, nées de l'initiative privée, sont restées sous la direction et la responsabilité de l'initiative privée, sans recevoir d'étiquette officielle ni de contrôle administratif autre que celui de leur propre comité de surveillance.

Leur succès a été complet et s'affirme de jour en jour.

Cependant, lorsque nous lisons, dans le remarquable rapport de M. Georges Berry, cette phrase : « Pour hâter l'installation en France de » ces établissements, ne serait-il pas possible » de créer à Paris, ainsi que dans chaque dé- » partement, un Comité qui serait composé d'é- » lus et de fonctionnaires ? »— nous concevons quelques craintes sur les résultats que produirait ce mariage forcé entre des philanthropes et des bureaucrates, et sur l'impression que ressentirait l'ouvrier, au moment de franchir le seuil de la Maison de Travail ou de la Colonie ouvrière, quand il saurait (cela se sait toujours) que le Comité de direction est composé en partie de fonctionnaires de l'administration pénitentiaire ou de la Préfecture de police.

Et M. Georges Berry, termine en réclamant instamment une solution, une solution quelconque, car notre organisation est véritablement bien arriérée en cette matière.

Il fait appel en ces termes, à ses collègues de la ville de Paris, à l'Etat, à tout le monde.

« Dans tous.les cas, dit-il, quoi qu'il arrive,
» si l'initiative ne vient pas d'un côté, il faudra
» qu'elle vienne de l'autre.

» Si le Gouvernement n'agit pas, que les par-
» ticuliers fassent appel aux bonnes volontés.
» — Si le Ministre se refuse à créer des Com-
» missions mixtes, que des Commissions indé-
» pendantes s'organisent. Ce qu'il faut, c'est
» arriver au plus tôt à une amélioration pra-
» tique. »

Cet appel n'a guère été entendu, et, en dehors de la création par la Ville de Paris de la
colonie de La Chalmelle, située loin de la capitale, réservée à la clientèle parisienne des refuges municipaux, rien n'a été tenté dans
aucun de nos départements.

Quoique bien insuffisante, cette fondation
mérite que nous nous y arrêtions un instant.

V

LA COLONIE AGRICOLE DE LA CHALMELLE

En 1891, un vote du Conseil municipal de
Paris, décidait la création de la Colonie agricole de La Chalmelle, dans le département de
la Marne, sur un domaine de 128 hectares propriété de l'Assistance publique. Le zèle et la
compétence d'un jeune ingénieur agronome,
M. Malet, qui a pris la chose à son début, ont
fait le reste.

L'entreprise était pleine de difficultés et d'incertitude; le terrain était de mauvaise qualité, les bâtiments consistaient en une ferme abandonnée et délabrée ; — les premiers colons étaient des individus pris dans les asiles de nuit de la ville de Paris, individus habitués au vagabondage, à la fainéantise, sans énergie, sans instruction. On s'était efforcé cependant de choisir ceux qui avaient quelques notions du travail de la terre, ou qui avaient été déjà employés aux travaux d'entretien dans l'intérieur du refuge, et dont la conduite avait paru à peu près satisfaisante.

Au moyen de subsides fournis par le Conseil municipal de Paris, on aménagea les bâtiments de façon à installer un dortoir de 25 lits, un réfectoire, un logement pour le directeur et le personnel et les locaux accessoires nécessaires aux différents services.

Le dernier compte rendu signale que, malgré l'exiguïté de cette installation, près de cent individus ont pu être hospitalisés chaque année. Le roulement des admissions représente donc quatre fois le nombre des lits, et indique une présence moyenne dans la Colonie de trois mois pour chaque hospitalisé.

Le séjour des colons à La Chalmelle n'a pas de durée limitée.

La direction, après avoir reconnu leurs aptitudes, cherche, tout comme la Société belge, à les placer chez des cultivateurs ou chez des entrepreneurs de travaux ; elle a réussi dans un assez grand nombre de cas.

La culture a été organisée de façon à donner les produits les plus variés et les plus utiles à l'alimentation des colons, pour n'avoir à recourir que le moins possible à des achats au dehors. — Le blé, les gros légumes, les fruits, en sont les principaux éléments. Une certaine étendue est aménagée en prairies pour l'entretien des vaches et des moutons.

M. Malet a su former, sous son habile direction, un maître-jardinier et plusieurs garçons-chefs, pris parmi les colons, dont il fait le plus grand éloge ; ils sont définitivement attachés à l'exploitation, et, bien entendu, rétribués.

L'aspect des terres de La Chalmelle en dit plus que les paroles pour le bon renom de la colonie dans le pays. La vue de la culture maraîchère soigneusement entretenue et des pâturages bien aménagés, à la place de la lande stérile d'autrefois, est le meilleur éloge du personnel et du directeur. Et sans aucun doute, cette manifestation visible du travail des colons a dû contribuer grandement à faciliter leur placement.

Au cours de l'année 1893, quatre-vingt-trois d'entre eux sur cent dix ont été casés, et dans la plupart des maisons on a été satisfait de leurs services.

Presque tous sont entrés chez des fermiers ou cultivateurs comme domestiques, jardiniers ou garçons de ferme ; l'un a été placé comme employé chez un commerçant, un autre, ancien adjudant, a été nommé garde principal des colonies, au Dahomey.

Ils peuvent donc être considérés comme pourvus d'un emploi stable, sauf incidents imprévus, et comme réintégrés dans le rang des travailleurs sérieux et utiles.

De nombreuses lettres adressées au directeur chaque année par d'anciens hospitalisés, témoignent de leur reconnaissance, et confirment qu'ils sont presque tous en possession d'occupations ayant un caractère permanent.

L'extension méthodique de la culture (car tout n'a pas été mis en exploitation dès les premières années) permet de prévoir dans un avenir prochain le moment où la colonie pourra presque entièrement se suffire à elle-même.

Voici quels sont les traits principaux de son budget actuel.

Loyer annuel, payé à l'Assistance publique......................	2.500 fr.
Appointements du personnel fixe..	7.500 »
Indemnités de travail aux colons..	4.500 »
Dépenses de nourriture...........	5.000 »
Vêtements, linge, entretien.......	3.500 »
Dépenses pour la culture, semences, engrais, animaux, matériel, etc.	8.000 »
Frais divers, transports, contributions	7.000 »
Total.........	38.000 fr.

Par contre la vente des produits animaux et végétaux a produit environ 18.000 fr.

C'est donc une soulte de 20.000 fr. que la ville de Paris a dû ajouter pour équilibrer le budget, soulte qui, selon toutes prévisions ira chaque année en diminuant, à mesure que la culture prendra plus de développement.

Nous ne saurions donner de meilleures conclusions que celles qui terminent le rapport présenté au Conseil municipal de Paris, par M. Faillet, membre de cette assemblée.

Il conclut, en faisant l'examen de la situation matérielle et morale de la colonie de La Chalmelle :

Que l'assistance par le travail agricole à La Chalmelle coûtera toujours à la Ville de Paris une somme variant de 10 à 15,000 fr. ; qu'une centaine d'ouvriers sans travail pourront être, chaque année ramenés aux travaux des champs d'une manière aussi avantageuse que possible, puis qu'une situation est procurée à chacun ; qu'il y aurait un avantage immense à doubler le nombre des colons, sans que la dépense annuelle augmentât sensiblement.

Pour le moment, la Ville de Paris a continué à allouer le même crédit que pour les années antérieures ; mais une allocation importante provenant du fonds du Pari-Mutuel vient d'être obtenue pour construire un bâtiment neuf qui contiendra 50 places.

En dehors de la colonie de La Chalmelle, nous

ne connaissons en France qu'une seule œuvre du même genre, due à l'initiative privée ; c'est la Société d'assistance par le travail de la terre, fondée à Sedan, en 1891.

VI

LA SOCIÉTÉ SEDANAISE D'ASSISTANCE PAR LE TRAVAIL AGRICOLE

La Société sedanaise qui s'intitule aussi *la Reconstitution de la Famille*, a pour but l'extinction de la mendicité professionnelle, et la propagation des idées de mutualité. Elle a pour système de concéder annuellement aux familles indigentes une portion de terrain de culture, proportionnée à l'importance de la famille, à charge par celle-ci de la cultiver, avec les semences et les accessoires que lui fournit la Société. La terre est concédée pour un an, et les produits, légumes et fruits, appartiennent au concessionnaire. Aucun minimum de travail n'est imposé ; chacun agit à ses risques et périls, puisque si le travail n'est pas fourni, la terre ne produit pas de récolte. L'œuvre est alimentée par des souscriptions annuelles et les résultats obtenus jusqu'à présent ont été assez satisfaisants. Un des derniers comptes rendus signale que 56 familles, représentant 240 assistés, ont cultivé 30,800 mètres de terrain, et que la valeur des récoltes représentait quatre fois la somme dépensée pour la location des terres et l'achat des matières premières.

Cette institution, on le voit, a une certaine analogie avec la colonie hollandaise, malgré l'exiguité de ses proportions. Mais tout en reconnaissant son action bienfaisante pour ramener les familles à la culture de la terre, il faut constater avec regret qu'elle ne peut accueillir chaque année qu'un petit nombre d'individus, puisque les concessionnaires ne sont payés que par la valeur de la récolte, et qu'il faut leur laisser le temps matériel de la préparer, de la soigner, de la rentrer et de la vendre. On se demande même quelle est la situation d'une famille qui recevrait une concession au mois de juin ou juillet, alors qu'il est trop tard pour semer ou planter, et qui, par conséquent, ne pourrait se livrer à un travail utile, avant l'automne, travail dont le produit ne serait réalisable que dans le courant de l'été suivant.

Il est vraisemblable que la Société sedanaise possède des ressources pour combler ces lacunes et parer à ces inconvénients.

Mais cet exemple prouve encore une fois la supériorité, à ce point de vue, de l'organisation de l'exploitation culturale par une direction supérieure, permanente et responsable, qui utilise en tout temps la main-d'œuvre des hospitalisés, et la rétribue soit en nature, soit en argent ; et surtout qui complète son rôle en procurant des emplois aux hommes dont on a reconnu les aptitudes, de façon à faire place à de nouveaux arrivants.

VII

Voici donc une démonstration de plus, venant s'ajouter aux précédentes, et corroborant l'exemple de la Hollande, de la Belgique, de l'Allemagne et de la Suisse.

Que serait-ce le jour où l'initiative privée se mettrait en mouvement pour propager dans plusieurs centres à la fois, le principe et la mise en pratique de l'assistance par le travail agricole ?

L'œuvre ne présenterait cependant pas de grandes difficultés ni beaucoup d'inconnu. Il n'y a même pas à inventer, il n'y a qu'à copier, qu'à faire un choix parmi les exemples probants que nous avons sous les yeux, surtout en Belgique et en Allemagne ; car ces deux nations ont déjà résumé à leur profit les expériences faites antérieurement dans les autres pays.

A défaut de concessions de terres, (car dans bien des départements, il n'y a pas de terres dont l'Etat puisse disposer), on commencerait par louer quelques hectares ; on y élèverait de ces constructions peu coûteuses et peu compliquées dont l'industrie moderne nous offre de si nombreuses combinaisons. — Il faudrait un peu d'argent et beaucoup de dévouement personnel, — deux choses faciles à trouver chez nous, chaque fois qu'il s'agit de venir en aide aux infortunes imméritées, et de remédier à des injustices sociales.

Et qui sait si un jour, une entreprise semblable ne serait pas le terrain de rapprochement entre les fortunés de ce monde, faisant œuvre de libéralité, et les délégués des Bourses du Travail faisant œuvre de placement, dans une large communauté de sentiments et d'intérêt, en faveur de ceux qui peinent et qui s'égarent ! Ne se réclamant d'aucun parti, d'aucune confession, ouverte à toutes les bonnes volontés, elle aurait de quoi tenter tous ceux qui pensent comme nous, qu'il y a dans chacun de nos départements, d'une part, beaucoup de situations douloureuses à soulager, bien des chutes à prévenir, et d'autre part, bien des concours à mobiliser, bien des ressources à mettre en valeur.

D'autres grands pays n'ont pas attendu si longtemps ; ce serait déchoir de notre rang et manquer à nos traditions de progrès et d'humanité que de rester plus longtemps en arrière.

Sauver de la prison ceux dont le seul crime est de ne pas trouver d'ouvrage, faire des désespérés de la vie des travailleurs honnêtes et courageux, voilà de quoi tenter la générosité des riches, le dévouement de tous ceux qui croient au progrès, en matière de philanthropie et de réhabilitation sociale.

Aucune tâche ne serait plus efficace pour rapprocher des éléments que l'on veut mettre en guerre les uns contre les autres, pour ramener au bien des victimes de l'adversité, pour apaiser les haines et les rancunes que suscitent le malheur et la souffrance. — Il ne faut pas qu'au seuil du xxᵉ siècle, on puisse, dans un pays démocratique et civilisé, voir un travailleur errer sans secours et sans appui, ni succomber aux lamentables suggestions du désespoir ou de l'abandon.

VERSAILLES — IMPRIMERIES CERF, 59, RUE DUPLESSIS.